AF339987

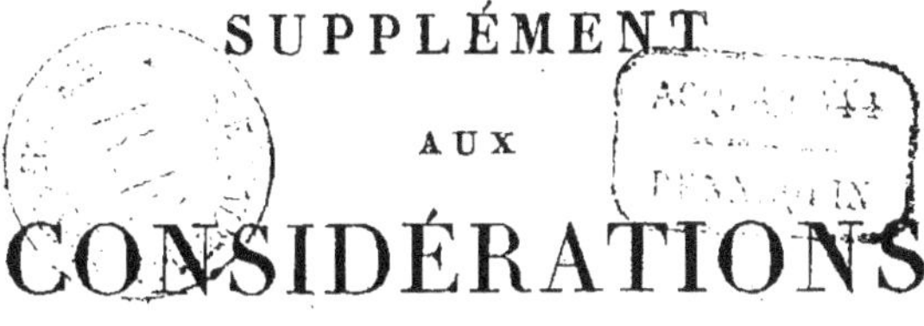

SUPPLÉMENT

AUX

CONSIDÉRATIONS

SUR

L'EMPLOI DE LA LUMIÈRE

ET DES OMBRES;

POUR EXPRIMER LE RELIEF DU TERRAIN DANS
LES CARTES TOPOGRAPHIQUES;

Par M. le Chevalier BONNE.

A PARIS,

CHEZ FIRMIN DIDOT, IMPRIMEUR DU ROI,
DE L'INSTITUT, ET DE LA MARINE, RUE JACOB, N° 24.

1817.

SUPPLÉMENT

Aux Considérations sur l'Emploi de la Lumière et des Ombres, pour exprimer le relief du terrain dans les Cartes topographiques.

C'est avec quelque regret que j'ai donné une espèce de publicité à mon opinion sur la distribution des teintes dans les plans topographiques, à l'occasion de la nouvelle carte de France. J'ai toujours pensé que cette discussion, d'un intérêt borné, devait être circonscrite dans le sein des commissions qui devaient en connaître. J'aurais donc gardé le silence, si M. Puissant n'eût pris l'initiative en faisant d'abord imprimer ses observations sur le même objet pour défendre le système actuel employé au dépôt général de la guerre. Dès que l'on met en avant des idées exclusives, il est permis sans doute à tout le monde d'en faire valoir d'autres opposées; sur-tout lorsque celles-ci paraissent prépondérantes, il y aurait par trop de faiblesse d'abandonner, sans combattre, le champ de la discussion. Mon Mémoire n'avait pour but que d'établir quelques principes : je l'ai fait avec modération ; je n'ai cité aucune œuvre topographique ; je n'ai nommé personne ; personne donc n'a pu se trouver blessé. Comment se fait-il donc que M. Puissant, en publiant ce qu'il appelle une réfutation de mon Mémoire (janvier 1818), s'écarte des convenances que tous les hommes se doivent entre eux, et que des considérations particulières devaient ici lui faire observer ? C'est qu'il existe des esprits trop susceptibles, que la moindre contradiction aigrit, ce qui envénime d'abord les discussions les plus simples. Avec ces dispositions, on est presque toujours sûr de frapper fort. L'écrit de M. Puissant le prouve. Mais frappe-t-on toujours juste ? La suite de celui-ci le fera voir. Toutefois en répliquant à M. Puissant, je ne me servirai point des mêmes armes que lui ; je ne me permettrai ni raillerie ni ironie ; je suis d'ailleurs d'autant plus étonné que cet officier ait employé de semblables moyens qui peuvent dévoiler la faiblesse de la cause qu'il défend, qu'il aurait facilement trouvé dans les talents distingués qu'il possède, et auxquels j'aime à rendre justice, d'autres moyens plus dignes de lui pour la faire valoir. Mais ce qui, je dois l'avouer, m'étonne encore plus, c'est que M. P., qui a déja rendu de grands services à la géodésie et à la topographie, en dirigeant si habilement les études à l'école d'application des ingénieurs géographes, veuille, par le maintien du système actuel des teintes, obliger l'art de la topographie à rester stationnaire en France, si même il ne le fait pas rétrograder.

M. P. entre en matière en rapprochant un passage de la page 13 de mon Mémoire avec un autre de la page 24, et il croit y remarquer contradiction. Cependant il est aisé de voir qu'à la page 13 je parle des courbes de niveau comme de lignes fondamentales qui expriment, par leurs directions et par leurs distances, les formes du terrain, abstraction faite des teintes et par le seul travail de l'esprit. A la page 24, je les suppose assez multipliées, et conséquemment assez rapprochées pour qu'elles fassent teintes. Voilà pour les yeux, c'est-à-dire, qu'à mon avis les lignes de niveau donnent à-la-fois la description du terrain et la peinture du relief, et je ne vois en cela aucune contradiction.

M. P., page 21 de sa brochure, pense, que pour grossir le nombre des opposants du système français, je compte *les personnes qui ne*

cultivent pas la topographie, ou qui n'ont que
des notions vagues dans ce genre de dessin. Je
ne sais de quelles personnes M. P. entend par-
ler. Certainement je suis loin de connaître
toutes celles qui peuvent partager mon opinion sur la nécessité de bannir des cartes topographiques exactes la lumière oblique. Mais
je crois pouvoir dire avec plus de raison, que
ceux qui recherchent sur les cartes les oppositions tranchantes de lumière et d'ombre qui
plaisent tant à M. P., pour pouvoir juger du
relief, me paraissent beaucoup moins avancés
en connaissances topographiques, que ceux
qui, pour connaître les formes du terrain, se
contentent des effets moins prononcés que produit la lumière perpendiculaire.

Mais je sens déja combien il serait fastidieux
de suivre ainsi pas à pas la réfutation de M. P.
Je me hâte de venir à la page 27, me réser-
vant de répliquer aux fausses assertions que
cet écrit renferme, à mesure que l'occasion
s'en présentera dans le nouvel examen que je
vais faire du système actuellement suivi au
dépôt de la guerre.

M. P. dit, page 27 : « D'après ce discours, l'on
« pourrait penser que cet officier a fait une
« longue épreuve de la méthode dont il parle,

« et que son porte-feuille est rempli d'essais. »
M. P. est persuadé du contraire, et il a bien
raison, car je n'ai besoin d'aucun modèle pour
juger de l'effet que pourra produire l'application du système que je défends; et tous ceux
qui ont quelque habitude des cartes n'en ont
pas plus besoin que moi. Aussi M. P. a-t-il
bien tort d'assurer que le succès de ma méthode est encore incertain pour moi-même.
J'ai vu bien des essais dans ce genre; j'en ci-
terai quelques-uns, tous m'ont paru laisser
à desirer sous beaucoup de rapports : j'ai conçu
qu'on pouvait faire mieux; mais pour ceux qui
ne le conçoivent pas, il faut des modèles soignés,
et non pas exposer à leurs regards la carte de
la *Citta di Rosas*, et toutes celles qui lui sont
analogues. C'est une véritable dérision. J'en
pourrais citer d'aussi mauvaises dans le systême de M. P.; mais ce serait manquer à la
bonne foi qu'on doit apporter dans toutes les
discussions.

Dans tout ce qu'a écrit jusqu'à ce mo-
ment M. P., en faveur de la distribution des
ombres produites par un corps lumineux élevé
de 45 degrés ou plus au-dessus de l'horizon,
on ne voit rien, absolument rien concernant les procédés d'exécution. M. P. entend-il

que les teintes seront, comme par le passé,
livrées à l'arbitraire et à l'empirisme? Si cela
est, nous concevons d'abord que le dessin de
la carte pourra aller un peu plus vîte que par
la méthode que nous recommandons. Quant
à la gravure, il faudra, dans l'une et l'autre
méthode, le même temps, parce que le gra-
veur a toujours des teintes à imiter, de quelque manière qu'il ait plu au dessinateur de
les placer. Si tel est le projet de M. P., nous
en gémissons, et nous reconnaîtrons bien
visiblement que la topographie française de-
vra rester stationnaire, et le céder aux cartes
étrangères. La topographie ne peut plus faire
de progrès que dans l'expression du figuré du
terrain, ainsi que dans un emploi mieux combiné des teintes; et l'on refuse en France,
dans la patrie des sciences et des arts, d'abor-
der une question dont la solution peut apporter un haut degré de perfectionnement à
la nouvelle carte du Royaume.

Mais voyons ce que prescrivent les décisions de la commission de 1802, dont M. P.
ne veut pas qu'on s'écarte. On lit, p. 41, Mé-
morial topographique et militaire, n° 5 : « En
« général, la commission pense que, pour at-
« teindre la perfection, chaque dessinateur doit

« s'attacher à produire sur les cartes le même
« effet que ferait un relief parfait du terrain,
« ou plutôt la nature elle-même, revêtue de
« ses formes et de ses couleurs, mais réduite
« aux dimensions de l'échelle.

« Cette supposition, en déterminant le but
« dont il faut approcher, s'il n'est pas permis
« de l'atteindre, fournit du moins un terme de
« comparaison pour déterminer quelles doi-
« vent être sur une carte donnée la force et
« la dégradation des teintes. » Et plus bas, la
commission recommande de mettre sous les
yeux du dessinateur des reliefs modèles de
différents sites naturels, accidentés, et dans la
construction desquels on approchera le plus
possible de la nature. Enfin « les teintes déri-
« vent de la lumière. Le type idéal, que la
« commission vient d'indiquer, exige, pour
« que les teintes qu'il s'agit d'imiter soient dé-
« terminées, qu'on suppose ce relief ou cette
« nature ainsi réduite, éclairés par une lumière
« constante et fixe de position. »

Voilà les principes que la commission a
jugé à propos de poser : il s'agit de les appliquer ; mais il est clair qu'ici son travail est in-
complet. Le système avait besoin de dévelop-
pements qui manquent : un relief peut être

éclairé par une lumière plus ou moins intense, qui produira des ombres plus ou moins prononcées ; ce point devait être fixé, ainsi que la loi de la dégradation des teintes, pour que, dans des travaux semblables, on pût mettre partout l'utile uniformité que la commission recommande, et que son institution même lui faisait un devoir de prévenir.

La commission a donc entendu que la carte représenterait le plus fidèlement possible l'effet du relief du terrain, et qu'on devait, pour l'obtenir, observer la force et la dégradation des teintes. Je demanderai en passant si les cartes de la Savoie, du Piémont et d'Italie, et beaucoup d'autres qu'on paraît citer comme des chefs-d'œuvre sous le rapport de l'expression du terrain, ont bien les qualités exigées par la commission ; je demande si elles expriment le relief de la nature, si l'effet que produirait ce relief, réduit et éclairé par une lumière élevée de 45 degrés au-dessus de l'horizon, serait semblable, ou même grossièrement semblable au dessin de la carte. Qui osera affirmer que oui, quand on n'a aucun procédé, aucune méthode, aucun repère pour parvenir à ce genre d'imitation ? Un peintre ne peint l'objet le plus simple qu'en l'ayant

devant les yeux ; et s'il est impraticable de faire
des reliefs de toutes les parties de la terre,
pour les imiter sur la carte, au moins fau-
drait-il y suppléer par des méthodes qui rem-
pliraient à-peu-près le même but. Si donc les
cartes dont on a parlé plus haut ne représen-
tent pas cette exacte distribution de teintes,
prescrite par la commission, que sont-elles
autre chose qu'une supposition, qu'une ex-
pession fausse du terrain, au moins sous le
rapport des détails. Les masses à la vérité
sont toujours exprimées, mais là doivent s'ar-
rêter les prétentions.

Dans l'état actuel de l'art, et avec le systême actuel, on ne peut pas exiger davan-
tage des ingénieurs. Si l'on veut qu'ils suivent
une méthode plus parfaite, il faut la créer, et
compléter à cet égard le travail de la commission ; il faut faire connaître la place et la dégradation des teintes dans une hypothèse donnée quand la surface est connue.

J'ai dit dans mon premier Mémoire, p. 14,
que ce problême était susceptible d'être résolu avec un degré d'approximation suffisante.
A ce sujet, M. P. s'énonce ainsi, p. 24 de sa
réfutation : « La solution rigoureuse du pro-
« blême de la dégradation des teintes, en y fai-

« sant entrer les considérations de la perspec-
« tive aérienne, échappe à ma faible sagacité. »
Cependant M. P. doit savoir que ce problême
est résolu dans le premier cahier du Journal
Polytechnique, publié il y a vingt-trois ans, et
dans toute sa généralité; que mieux encore il
a été appliqué sur des dessins de divers corps,
et a produit une complète illusion. En admettant une hypothèse analogue à celle posée par
les auteurs de la solution du problême dont
il est question; en admettant, dis-je, que les
surfaces des corps mats reçoivent des quantités
de lumière proportionnelles aux sinus des an-
gles d'incidence que la direction du rayon lumineux fait avec ces surfaces, il ne restera
plus à trouver pour l'application que la valeur
de cet angle; ce qu'on pourrait faire par des
procédés purement senthétiques, et plus élé-
gamment par la géométrie descriptive, et par
une analyse semblable à celle que M. Lacroix
emploie pour trouver le sinus et le cosinus de
l'angle que font entre elles deux droites don-
nées de position (Calcul différentiel, chap. V).
L'angle d'incidence étant connu, on connaî-
trait le degré d'intensité de teinte qui con-
viendrait à la surface proposée d'après l'hypothèse; teinte qu'on pourrait encore modifier

pour observer la dégradation de la lumière produite par la perspective aérienne; ce qui serait peut-être un peu plus simple pour l'application que le procédé direct fourni par le premier cahier du Journal Polytechnique. Ce n'est point le lieu d'entrer dans plus de détails à cet égard; ils seront mieux placés ailleurs. Il me suffit de faire voir que la chose est possible, et de faire estimer à sa valeur l'alinéa qui termine la page 25 de la prétendue réfutation de M. P., ainsi conçu : « Avoir trouvé « pour le cas le plus général, non-seulement « la loi mathématique de la dégradation des « teintes, et le moyen de la transmettre à la « postérité par des lames de verre, mais en- « core le secret de faire observer, à l'insu du « dessinateur, les règles de la perspective aé- « rienne, est une découverte à jamais mémo- « rable !.... Mais, raillerie à part, si, etc. »

J'avoue que j'ai toujours cru qu'avec des lames de verre coloré on pourrait transmettre à la postérité, si cela était nécessaire, des teintes d'une intensité déterminée, comme nos vitraux d'église les transmettent depuis des siècles, quoique exposés à l'action destructive de l'air. J'ai pensé encore qu'un photomètre bien combiné pourrait toujours fournir dix fois autant

de teintes diverses qu'on n'en aura jamais besoin pour la topographie. Je sais qu'un archi-
tecte fort habile s'était donné la peine de
mesurer les teintes qu'affectent les objets, suivant leur éloignement, ou en d'autres termes,
qu'il appréciait la dégradation de la lumière
produite par la perspective aérienne, et qu'il
avait fixé ces teintes sur du papier ou autrement ; que, dessinant ensuite un paysage, il
donnait à chaque objet la teinte qui lui con-
venait d'après l'éloignement où il le supposait;
qu'en aidant ainsi la peinture de quelques procédés géométriques, il avait réussi complète-
ment à faire juger à l'œil la distance des différents objets représentés. Mais M. P. nous dira
que toutes ces choses sont autant de rêveries :
que les teintes doivent continuer à être placées
sur les cartes topographiques, suivant le goût
et le talent du dessinateur, et qu'il est inutile,
impraticable de s'aider ni de règles ni de méthodes.

En suivant toujours le principe que la Commission a émis, savoir: que la carte devait, autant que possible, être l'imitation du relief, je
dois signaler le contresens que l'on fait dans
toutes les cartes que l'on dit être dessinées suivant l'hypothèse de la lumière oblique, en pla

çant des teintes, souvent assez fortes sur les
pentes exposées à l'action directe ou presque directe des rayons lumineux, et en laissant subsis-
ter les plaines, les plateaux sans aucune teinte, ce
qui est absolument l'inverse de ce que l'hypothèse
prescrit. Il en résulte que les cartes actuelles sont
l'application d'un genre mixte ou bâtard, qui
n'est ni la méthode des rayons obliques, ni
celle de la lumière perpendiculaire, que par
conséquent il n'exprime rien, et ne peut qu'in-
duire en erreur sur les véritables formes du
terrain. La nécessité de laisser les plaines blan-
ches, pour y placer les détails topographiques
relatifs aux lieux et à la culture qui s'y trouvent
en plus grand nombre que sur les plans incli-
nés, oblige sans doute à s'écarter à chaque pas
du principe : et cela prouverait qu'il ne doit
pas s'appliquer à l'expression des formes topographiques.

La carte de Souabe est actuellement gravée
dans le système qu'on dit être de la lumière
oblique, ce qui n'est pas du tout vrai ; mais
quoi qu'il en soit, le sol de la Souabe est bien
abaissé par rapport aux hautes montagnes de
la Suisse qu'on devait y ajouter successivement.
Je demande de quelles teintes on pourrait se
servir maintenant pour exprimer ces dernières,

car les montagnes de la Souabe sont déja pas-
sablement noires, même sur les dessins; j'en
dirais autant de beaucoup d'autres cartes. Cela
prouve qu'on ne sait pas dans quel système
on dessine les montagnes; et que, puisqu'on
n'a rien prévu, jamais les cartes des différentes
contrées, quoique dressées sur la même pro-
jection, ne pourront former un ensemble et
s'accorder entre elles sous le rapport du figuré du terrain.

J'ai vu des morceaux d'école où l'on s'est at-
taché à suivre exactement le principe de la
Commission de 1802, et où l'on avait employé
toutes les ressources de la peinture. Il en est
résulté des effets vrais et séduisants. Le tableau
représentait ordinairement un site très-mon-
tueux, couronné de neiges et de glaces. On
avait réuni dans un petit espace les formes les
plus gigantesques; l'effet n'était point atténué
par le détail des habitations et par la lettre qui
est si souvent nuisible. Ces morceanx, où le
systême des rayons obliques se trouve présenté
avec tous ses avantages et tous ses attraits sont
dignes sans doute d'orner le cabinet de l'ama-
teur. Mais ce n'est toujours pour moi qu'une
image : et ce sont des mesures que je cherche;
je veux pouvoir mesurer sur la carte l'inclinaison des pentes avec presque autant de facilité

que je mesure une distance avec le compas,
parce que ce sont les pentes qui me sont utiles.
Il m'importe peu que les hautes sommités soient
plus ou moins prononcées , c'est l'inclinaison
des pentes que je veux connaître. Ce n'est pas
d'ailleurs au séjour des glaces et des neiges que
l'homme va exercer son industrie, et qu'il en
transporte les produits. Ce n'est pas dans les
régions élevées que l'on fait manœuvrer les
armées, que l'on trace des canaux, que l'on
perce des routes; ainsi cet effet du relief que
l'on cherche à produire, et qui a quelque avantage dans les pays fortement accidentés, est
sans utilité réelle.

On se tromperait beaucoup si l'on croyait
pouvoir transporter sur les cartes gravées d'une
grande étendue les effets pittoresques que l'on
obtient dans un tableau de petites dimensions;
ici toutes les oppositions se trouvent comprises
et ménagées dans un petit espace ; mais dans
une carte d'un grand nombre de feuilles, une
d'elles, prise séparément, ne pourra représen-
ter l'effet qu'on en attend, parce qu'on n'aura
pas sous les yeux l'ensemble du tableau. On sera
réduit aussi, pour tout moyen d'imitation ,
au noir et au blanc ; on perdra l'avantage inap-
préciable des teintes naturelles, de la transpa-

rence des couleurs et des reflets : ce qui restera
sera encore oblitéré par les habitations, certains
genres de culture, et sur-tout par la lettre :
avec ces obstacles et ces imperfections inévi-
tables, croit-on que l'on pourra encore saisir
l'expression du relief tentée par le dessinateur?
Ce que je dis se remarque exactement dans la
plupart des cartes gravées; ceux qui croient y
voir un relief se prêtent en vérité bien facilement aux illusions.

Si le seul but qu'on se propose en topographie en dirigeant obliquement le rayon lumineux, ne peut être atteint, même d'une manière
approchée, et en supposant le système soumis
à des procédés plus rigoureux, à quoi bon
persister dans l'emploi d'une méthode qui n'exprime point le relief qu'elle devrait faire connaître, et qui ne donne pas non plus les incli-
naisons des pentes? Alors le dessin ne présente
plus que des ombres placées sans but et comme
au hasard, qui chargent inutilement la carte,
et qui gênent singulièrement les opérations que
l'esprit pourrait faire au moyen des courbes de
niveau seules, pour se rendre raison de la
forme du terrain. Au lieu de contrarier la per-
ception du degré d'inclinaison des pentes que
peuvent fournir les courbes de niveau, il fau-

drait, au contraire, l'aider par le moyen des teintes, en les appliquant sur la carte dans l'hypothèse analogue que la lumière émane du zénith. Alors la méthode est simple, uniforme, invariable, d'une exécution facile, et susceptible d'être fixée assez rigoureusement. On reconnaîtrait bientôt tous les avantages qui en résulteraient, et l'ancien procédé serait pour toujours abandonné sans regret dans les cartes exactes; car on s'est exagéré l'aridité qu'on suppose aux nouveaux dessins : soyons bien convaincus qu'ils seront encore gracieux s'ils sont exécutés par d'habiles dessinateurs qui sauraient leur prêter le charme qu'ils ont su donner aux dessins faits dans l'ancien système. Aussi ne voudrais-je pas qu'on abandonnât l'enseignement du dessin de la topographie dans ce dernier, soit à l'école Polytechnique, soit ailleurs, parce qu'il peut encore avoir ses applications, et que le nouveau système proposé n'en est qu'un corollaire.

Mais enfin, dira-t-on, si les avantages de la nouvelle méthode sont si considérables, pourquoi la Commission des services publics, réunie en 1802, a-t-elle consacré d'autres principes? Voici comment je l'explique. D'abord il est facile de reconnaître à la lecture du procès - verbal de ses séances, que la discussion relative à l'expression des mouvements du terrain, par le moyen des ombres, a. été fort peu approfondie; car on y fait nullement mention de la méthode de la lumière verticale, que la Commission devait combattre, comme elle à combattu avec raison la confusion des projections; et quoiqu'il existât en France même des cartes exécutées dans cette hypothèse, notamment la carte dite des chasses, que l'un des membres de la Commission, M. Vallongue, qualifie, page 4, *de précieuse carte des chasses*, sans indiquer dans quel système les montagnes y étaient exprimées. Je crois que la Commission n'a pas donné à cet objet une bien grande importance, parce qu'on ne s'occupait alors ou l'on ne devait s'occuper que de cartes militaires, dont le figuré du terrain ne devait être qu'approximatif. Ce qui donne quelque force à cette conjecture, c'est qu'on lit au §. VIII, que la Commission regarde les courbes de niveau comme d'une détermination difficile, tandis qu'elle recommande celle des lignes de plus grande pente comme plus prompte et plus facile; et l'on sait très-bien que celles-ci ne s'obtiennent que fort imparfaitement, si l'on n'a pas les premières. (Voyez l'Introduction à la Géographie de Pinkerton, 2ᵉ édition, page 184). La com-

mission pouvait donc imaginer que le figuré
du terrain ne devant être ni fort détaillé ni fort
exact, le procédé usité alors pour l'exprimer,
qu'on regardait comme expéditif, pouvait être
employé sans inconvénient; et c'est aussi ma
manière de voir, ainsi que je l'ai dit dans la
première partie de mon Mémoire. Vraisem-
blablement la même Commission prendrait
aujourd'hui une détermination différente, sa-
chant que le figuré du terrain, dans la nouvelle carte de France, doit être fixé par des
courbes de niveau.

Le conseil d'instruction de l'école de Metz,
en répondant aux premières observations de
M. Puissant sur la méthode de figurer le terrain, a fait connaître que, dès le 27 mars 1807,
le ministre de la guerre avait dérogé au principe adopté par la commission de 1802 sur la
direction de la lumière, en approuvant les pro-
grammes arrêtés par une Commission d'officiers
supérieurs d'artillerie et du génie. Le pro-
gramme du lever à la boussole porte : « Le
« dessin sera mis au trait à l'encre et lavé à
« l'encre de la Chine pour figurer le terrain,
« l'intensité des teintes représentant la roideur
« des pentes. Tous les objets seront en projec-
« tion horizontale, et ne porteront aucune

« ombre sur le terrain censé éclairé par une
« atmosphère lumineuse projetant la lumière
« par des rayons parallèles et verticaux. »

Voilà donc déja deux services publics qui
ont abandonné le principe de la Commission
de 1802. Et pourquoi ? C'est parce qu'il faudra
toujours l'abandonner dès qu'on voudra figurer le terrain avec précision par le moyen des
teintes. Les plus belles œuvres topographiques
en France le prouvent aussi complétement.
Certainement la carte des chasses est sans con-
tredit la plus belle carte topographique qui
existe , non - seulement en France, mais dans
le monde : et bien , cette carte, à laquelle personne n'a songé jusqu'à présent à faire de re-
proche, est dessinée dans l'hypothèse de la lumière perpendiculaire ou d'une atmosphère
lumineuse. Le principe sans doute n'y est pas
parfaitement appliqué , mais l'intention y est
manifeste dans la gravure aussi bien que dans
les minutes. Espérons que nous ferons encore
mieux. La belle carte manuscrite des côtes de
Bretagne, à l'échelle de 6 lignes pour 100 toises,
un des plus beaux ouvrages des ingénieurs-
géographes, est dessinée aussi dans les mêmes
principes. C'est qu'il est de fait que l'ingénieur,
sur le terrain, ne peut voir que des pentes qu'il
teinte d'autant plus qu'elles lui paraissent plus

rapides. Pour perfectionner ce procédé, qui est dans la nature, il suffisait de suivre la première impulsion, de l'assujétir à quelques règles, et d'établir quelques classes de teintes; alors la topographie aurait fait des progrès, et nous aurions à présent des plans plus riches et plus vrais. La Commission de 1802 a paralysé au contraire la marche progressive de l'art, en fixant une direction oblique à la lumière, pour produire des effets inutiles abandonnés au goût et à l'arbitraire; effets que l'ingénieur ne peut observer sur le terrain. Pour ceux qui n'ont pas l'amour de leur état, cela est fort commode; ils sont dispensés de voir en détail le terrain; les effets sont bientôt donnés dans le cabinet. Un chef vient bien vérifier; mais quelle peut être la nature de ses observations, puisqu'il n'y a aucun procédé arrêté pour ce genre de travail. Dira-t-il que du côté du jour, par exemple, les détails sont inaperçus; l'ingénieur répondra qu'on ne peut les voir sans s'écarter de l'hypothèse, et il pourra s'élever, dans l'état actuel des choses, des questions insolubles et pour le chef et pour le subordonné. C'est pourtant cet état de choses qu'on voudrait maintenir.

Cependant, malgré les décisions de la Commission de 1802, on n'a pas laissé de figurer le

terrain en Helvétie, suivant les principes de la
lumière perpendiculaire, et il eût été impos-
sible d'obliger un Didier-George et un Chevrier
à faire autrement, parce qu'ils voulaient repré-
senter exactement ce qu'ils voyaient. Il en a été
de même d'abord dans les départements réunis :
la résistance aux ordres donnés en vertu des
décisions de la Commission a été aussi loin
qu'elle pouvait aller, parce que MM. Pierrepont,
Maissiat, et d'autres, sentaient, comme en Helvétie, comme en Bavière, que l'ingénieur qui
veut figurer le terrain avec détails et précision,
ne peut exprimer sur le papier que des pentes,
et qu'il est obligé d'affecter des mêmes teintes
celles qui ont même inclinaison, parce que des
choses semblables doivent s'indiquer par des
signes semblables.

La première moitié de la carte des départements réunis, celle précisément qui avait été
dessinée dans le système que je défends, a mé-
rité cependant le prix décennal. M. P. dit, page
3o, « qu'on y a fait un étrange abus de l'encre de
« la Chine. » Si cet abus existe réellement, il ne
doit pas être imputé aux ingénieurs, mais à
l'absence de toute méthode fixe et raisonnée.
Enfin M. P. ajoute : « Cependant la carte dont
« il est question a obtenu le prix décennal ;

« mais on n'a pas voulu par-là rendre hommage
« aux talents des auteurs du dessin des mon-
« tagnes. »

J'ouvre les procès - verbaux du jury, sur
les prix décennaux, Paris, 1810, et je lis au
rapport sur la carte des départements réunis,
page 144 : « Le tout est figuré avec le plus
« grand soin, d'après le système des lignes de
« plus grande pente, etc. » ; et plus bas « enfin
« cet ouvrage, le plus complet qui jamais ait
« été exécuté, présente dans *toutes ses parties*
« toute la perfection dont *chacune* est suscep-
« tible, et c'est ce qui le distingue de tous ceux
« dont il vient d'être fait mention. » Et remar-
quons que ceux dont la mention précède repré-
sentent la plupart les ombres produites par la
lumière oblique. Voici maintenant en quels
termes s'exprime la Commission de l'Institut,
composée de MM. Carnot, Cassini, et Buache,
page 148 : « Nous avons vu et admiré la belle
« topographie de cette carte (des départements
« réunis) dans le dessin de la moitié de l'ou-
« vrage qui est déja terminé ; et nous pouvons
« dire avec le jury, que c'est l'ouvrage le plus
« complet qui ait jamais été exécuté, et qu'il
« présente dans *toutes ses parties* toute la per-
« fection dont *chacune* est susceptible. Il serait

« à desirer que le reste de la carte fût exécuté
« avec la même perfection, et que le tout fût
« gravé sur la même échelle que celle des des-
« sins que nous avons vus, pour ne rien perdre
« de la beauté des détails, et pouvoir la pré-
« senter comme le modèle des travaux en ce
« genre. »

Jamais louange n'a été plus complète; je n'y
vois aucune restriction, et je suis autorisé à
conclure que le jury et la Commission de l'Institut ont donné leur approbation à la méthode
de la lumière perpendiculaire.

M. Lacroix, dans l'introduction à la géographie de Pinkerton, page 178 de la 2e édition,
s'exprime ainsi, en parlant des cartes topographiques. « Il suffit de jeter les yeux sur des
« plans de ce genre, pour reconnaître les signes
« qu'on y emploie, et pour sentir que les par-
« ties ombrées plus ou moins fortement, re-
« présentent des pentes plus ou moins roides,
« sur lesquelles la lumière se perd d'autant
« plus, qu'elles sont plus près d'être à pic. »

Il me semble, d'après ce passage, que M. Lacroix ne pense pas que les ombres puissent être
appliquées autrement qu'en rapport avec les
degrés de pente, ce qui rentre dans l'hypothèse de la lumière verticale.

M. P. dira - t - il que les personnes que j'ai
nommées n'ont que des notions vagues sur la
topographie, et que leur opinion est sans poids?
Je pense que des personnes qui sont douées de
la plus rare sagacité, et dont l'esprit est accou-
tumé aux considérations les plus élevées, peuvent fort bien donner leur avis sur le mode
de distribution de la lumière dans les cartes topographiques. J'en pourrais nommer beaucoup
d'autres, même parmi les officiers ingénieurs-
géographes sortis de l'école Polytechnique, qui
ont embrassé l'hérésie, quoique élévés à l'école
du goût.

D'après tout ce qui précède, je ne sais pas
quelle autorité reste encore à la décision de
la Commission de 1802, concernant la direction de la lumière, et je crois qu'on a grand
tort de l'invoquer, car ce ne peut être qu'au
préjudice de l'art. Commençons par bannir la
lumière oblique, et entendons - nous ensuite
pour établir un bon système de distribution des
teintes, tel que leur intensité relative dépende
de l'inclinaison des pentes; voyons si l'on doit y
admettre une perspective aérienne; enfin posons
une hypothèse simple et féconde, déduisons-en
les conséquences et les moyens d'application.
Établissons de la fixité et de l'uniformité là où

il n'y a eu qu'arbitraire et empirisme, et nous aurons fait faire un grand pas à l'art, et surpassé nos rivaux.

RÉSUMÉ.

Mon opinion est qu'on devrait se servir de l'ancien système, qu'on pourrait cependant appliquer plus rigoureusement, quand on ne connaît qu'imparfaitement le figuré du terrain, ou quand l'échelle de la carte est plus petite que $\frac{1}{200000}$. Mais lorsque le figuré du terrain est bien connu, comme il le sera dans la nouvelle carte de France, et que l'échelle est plus grande que $\frac{1}{200000}$, je pense qu'il faut distribuer les teintes sur la carte dans une hypothèse analogue à celle que produirait la lumière zénithale.

En conséquence, il faudrait conserver l'enseignement de l'ancien système dans les écoles, et y introduire celui du nouveau comme un corollaire du premier.

DE L'IMPRIMERIE DE FIRMIN DIDOT,

IMPRIMEUR DU ROI, ET DE L'INSTITUT, RUE JACOB, N° 24.